I0067017

Ernst Ludwig Taschenberg

Reblaus und Blutlaus

Ernst Ludwig Taschenberg

Reblaus und Blutlaus

ISBN/EAN: 9783337202200

Hergestellt in Europa, USA, Kanada, Australien, Japan

Cover: Foto ©berggeist007 / pixelio.de

Weitere Bücher finden Sie auf **www.hansebooks.com**

Reblaus und Blutlaus.

Erläuternder Text

zu der

„Wandtafel zur Darstellung der Reblaus und der Blutlaus für Schule und Haus"

von

Dr. E. L. Taschenberg,
Professor in Halle a/S.

Stuttgart. 1878.
Verlag von Eugen Ulmer.

Die Reblaus, Wurzellaus der Rebe,

Phylloxéra vastatrix.

———

Seit dem Jahre 1865 wurde man in Frankreich auf eine eigenthümliche krankhafte Erscheinung an den Rebstöcken in dem Departement Vaucluse aufmerksam, die wesentlich anderer Natur war, wie die 1852 aufgetretene Traubenkrankheit und für neu galt. Nachdem die Krankheit mehr und mehr an die Oeffentlichkeit getreten war, so ergab es sich, daß hie und da anderwärts, namentlich im Departement du Gard des unteren Rhonethales schon im Jahre 1863 dieselben Erscheinungen, wenn auch in weniger auffallender Weise, beobachtet worden waren.

Mitten zwischen gesunden Reben nämlich zeigt sich eine rundliche Gruppe von Stöcken, deren Blätter weit früher als die gesunden, oft schon im Juni und Juli gelb werden, sich an den Rändern einrollen, vertrocknen und dann abfallen, die unteren früher als die oberen. Im nächsten Früh=jahre bleiben dieselben Stöcke gegen die gesunden im Wachsthume merklich zurück, ihre Triebe sind kurz, die Trauben an denselben nur sparsam vor=handen, die Beeren reifen kaum und sind wässerig von Geschmack. Gleich=zeitig zeigen rings um den Krankheitsherd bisher gesund gewesene Stöcke dasselbe Aussehen, wie die kranken im vorausgegangenen Jahre, und liefern somit den Beweis für die weitere Ausbreitung der Krankheit. Im dritten Jahre endlich sterben die ersten Stöcke meistentheils vollständig ab. Gräbt man sie aus, so zeigen sich die ernährenden Faserwurzeln verfault und die stärkeren Wurzeln mit zersetzter Rinde und mehr oder weniger gleichfalls dem Verwesungsprozesse entgegengehend; aber nichts gibt Aufschluß über den Grund der Fäulniß. Derselbe wurde, wie dies bei dergleichen Ge=legenheiten immer zu geschehen pflegt, in den verschiedensten Ursachen ge=sucht, ist aber nur zu ermitteln, wenn man die Wurzeln solcher Rebstöcke einer Untersuchung unterwirft, welche die e r s t e n Krankheitsspuren an sich tragen.

Hier zeigen sich an den Faserwurzeln, namentlich an den saftigen Enden derselben, unregelmäßig gewundene (wurstförmige) Anschwellungen, die sogenannten Nobositäten (Fig. 1 a), und vom Frühjahre an den ganzen Sommer hindurch winzige, gelbe Thierchen, die den Blattläusen nicht unähnliche Reblaus, welche saugend an denselben sitzen und durch ihr Saugen die Erzeuger derselben sind, wie sich dies sehr bald unzweifelhaft nachweisen ließ. Im Herbste gehen diese Knoten in Fäulniß über, nachdem sie bereits von den Läusen verlassen sind, welche mittlerweile frische, lebensfähige Wurzeln aufgesucht haben. So erklärt sich das allmähliche Absterben der Rebe, wenn sie nicht, wie so viele amerikanische Arten, durch ein sehr lebhaftes Bestreben, immer wieder neues und zahlreiches Wurzelwerk zu treiben, das beschädigte ersetzt und so den feindlichen Angriffen wesentlichen Widerstand leistet.

Es dürfte hier am Orte sein, nach Anleitung des Herrn Weinkauff in Kreuznach einiger Krankheiten der Reben zu gedenken, die möglicherweise zu einer Verwechselung mit der Reblauskrankheit Anlaß geben könnten, welche letztere am sichersten immer an den Wurzelnobositäten erkannt wird. Die Gelbsucht besteht in dem Gelbwerden der Blätter, in kurzen Trieben und lockeren Trauben mit kleinen Beeren. Sie entsteht vorzugsweise in kaltem Thonboden, der die Nässe lange festhält, oder in solchem Boden, in welchem bei reichem Gehalte an Eisenvitriol das Wasser stagnirt. Beim Austrocknen desselben setzt sich dieses Salz auf den Rissen als weißes Pulver ab, welches meist irrthümlich als Salpeter angesprochen wird. Die Krankheit tritt hauptsächlich dann auf, wenn zur Unzeit, namentlich bei oder unmittelbar vor heftigem Regen gegraben wird, wodurch sich eine Kruste bildet, die das Eindringen der Luft verhindert. Ein erneuertes Auflockern des Bodens bei trockenem Wetter kann diesem Uebelstande abhelfen. Das Vergilben der Blätter erfolgt hier überall gleichzeitig oder von oben nach unten, nicht wie bei der Reblauskrankheit von unten nach oben, außerdem auch nicht in inselartiger Anordnung unter den Stöcken. Ich hatte Gelegenheit, eine ähnliche Erscheinung in Weinbergen des Saalthales, also auf Kalkboden zu beobachten. Hier waren die am Fuße steiler Weinberge stehenden Stöcke vorzeitig vergilbt, weil sie durch allmähliches Herabschwemmen des Erdreiches etwa einen Fuß tiefer in die Erde gelangt und dadurch des Zutrittes der Luft beraubt waren, als es ein gesundes Wachsthum verlangt. — Kommt die Gelbsucht mehrere Jahre nach einander vor, so kann sie in die Auszehrung, das Eingehen der Stöcke ausarten, welche durch Winterfröste noch begünstigt wird. — Der Laubrausch, Brenner, Sang, Sommerbrand, rothe Brand, Fuchsbrand entsteht, wenn heftige Gewitterregen mit grellem Sonnenscheine plötzlich wechseln. Die Blätter erhalten in diesem Falle wahre Sonnenstiche, wobei die auf ihnen sitzenden Wassertropfen wie Brenngläser wirken. An der gebrannten Stelle ziehen sich die Zellen zusammen und zerreißen dadurch dieselben am Blattrande. Dieser biegt sich in Folge davon auf und wird rothbraun; die Mißfärbung breitet sich weiter über die Blattfläche aus, welche welk, dürr und rauschend wird und mit dem Abfalle des ganzen Blattes endet. Die der Blätter beraubten Triebe reifen nicht aus und fallen dem Winterfroste zum Opfer. Die Trauben werden, je nachdem das Uebel früher oder später eintritt, mehr oder weniger in der Ausbildung gehindert, einzelne braune Fleckchen auf den Beeren verdanken den Sonnen=strahlen ebenso ihren Ursprung, wie auf den Blättern der Laubrausch. Stehen die mit der genannten Krankheit befallenen Stöcke in einem Boden mit schlechtem Wasserabflusse, so werden die Blätter nach dem Abwelken schwarz und rauschend, es entsteht dann der Schwarzbrand. In manchen Gegenden bezeichnet man mit diesem letzten Namen eine Krankheit, welche mit braunen Flecken an der Blattunterseite beginnt und durch einen Pilz erzeugt wird, der das Blatt nach und nach überzieht und zum Absterben bringt, also mit den bisher besprochenen Krankheiten so wenig wie mit der Reblauskrankheit etwas gemein hat.

Nachdem endlich, um unseren Gegenstand selbst wieder aufzunehmen, nach angestrengter Arbeit Hr. Planchon 1868 für alle diejenigen, welche der Wahrheit ihre Augen nicht absichtlich verschließen wollen, herausge=bracht hatte, daß die Wurzellaus die Ursache der oben in gedrängter Kürze charakterisirten Krankheit sei, und ihr den wissenschaftlichen Namen Phylloxora vastatrix beigelegt hatte, verdoppelten und verdreifachten nicht nur die Weinbergsbesitzer in Frankreich, alsbald auch in Deutschland und anderwärts ihre Aufmerksamkeit auf all und jedes verdächtige Aussehen ihrer Rebstöcke, sondern es entstand auch unter allen gebildeten Besitzern der angesteckten Gegenden und den Männern der Wissenschaft ein rühriger Wettstreit, um den neuen Feind nach allen Seiten hin gründlich zu studiren. Denn von der Reblauskrankheit heimgesucht zu sein oder nicht, das wurde eine Lebensfrage für Viele, und eine richtige Bekämpfung derselben hing wiederum ab von der erkannten Lebens= und Verbreitungsweise des Insekts, dessen war man sich wohl bewußt.

Wir würden für unsere Zwecke zu breit sein müssen, wenn wir Schritt für Schritt die Ausbreitung der Krankheit, sowie die Erweiterung unserer Kenntnisse von dem Insekt selbst verfolgen wollten, vielmehr müssen wir uns mit der Vorführung der bisherigen Ergebnisse und des jetzigen Standes der noch nicht zum Abschlusse gelangten Angelegenheit begnügen.

Die Erfahrung hat gelehrt, daß die Ausbreitung der an den Wurzeln lebenden Läuse durch die oberen Wurzeln und auf der Oberfläche des Bodens selbst erfolgt und jährlich im Durchschnitte 10—15 Meter vorschreitet, daß sandiges Erdreich dieser Verbreitung am wenigsten günstig und daß die Witterungsverhältnisse einer Gegend nicht ohne Einfluß auf das schnellere oder langsamere Umsichgreifen der Krankheit bleiben, daß namentlich eine mehr nördliche Lage geeignet ist, die Entwickelung des Insekts und der Krankheit zwar aufzuhalten, aber die bedrohliche Vermehrung des ersteren nicht zu verhindern. Erfahrungen über noch andere Arten der Ausbreitung stehen in zu engem Zusammenhange mit der Lebensweise der Reblaus, um ihrer schon hier gedenken zu können. Nach allem aber ist die Reblaus= krankheit noch immer im Fortschreiten begriffen und namentlich über den Südosten Frankreichs ausgebreitet. Die Departements Vaucluse, Gard, Drôme, Ardèche, Var, Niederalpen, Gironde, Charente, Dordogne u. a. sind von ihr heimgesucht und fast eine Million von Hektaren Weingelände bereits angegriffen, von denen 200000 vollständig von ihr zerstört, weitere 50000 unter andern Betrieb gestellt worden sind. — Die Weinberge des ganzen deutschen Reiches nehmen nur etwa 125000 Hektare ein. — Um noch einige Zahlen reden zu lassen, entnehmen wir der französischen Weinbau=Statistik vom Jahre 1876 die nachfolgenden Mittheilungen: Das Departement Vaucluse, welches in früheren Jahren durchschnittlich 400000 Hektoliter Wein erzeugt hatte, erntete im genannten Jahre deren nur 50000. Dept. Gard mit jährlich 1400000 bis 2400000 Hektolitern Ertrag mußte sich mit 241000 begnügen. Schrecken einflößende Abnahmen!

Die verhängnißvolle Seuche beschränkt sich nicht allein auf französisches Gebiet. Im Jahre 1872 wurde ihr Vorhandensein in der önologischen Versuchsstation zu Klosterneuburg bei Wien nachgewiesen, 1874 in dem Versuchsgarten der Poppelsdorfer landwirthschaftlichen Akademie zu Annaberg bei Bonn, 1875 zu Pregny bei Genf, wo, wie auch später in Niederöstreich bei Weidling und Nußdorf ganze Weinberge und neuerdings ein solcher bei Stuttgart sich erkrankt zeigten. Außerdem hat sich in einer Anzahl von Handelsgärtnereien in den verschiedensten Gegenden die Reblaus vorgefunden und ist aus denselben hie und dahin durch den Handel verschleppt worden. Wir wollen hier nur Erfurt (Haage und Schmidt und L. Platz und Sohn), Klein=Flottbeck und Bergedorf bei Hamburg (J. Booth und Peter Smith), Vollweiler im Oberelsaß (Baumann) als die wichtigsten namhaft machen und noch hin= zufügen, daß spanische, portugiesische und korsikanische Weinberge nicht frei von der Ansteckung geblieben sind.

Das Auftreten der Krankheitserscheinungen in dem Rothschild'schen

Weinberge bei Pregny, der zu weit entfernt von dem französischen Krankheits= heerde liegt, um von diesem beeinflußt werden zu können, gab den ersten Anstoß zu der Lösung der Frage, wo überhaupt dieser neue Rebenfeind hergekommen sei. War er ursprünglich an Ort und Stelle vorhanden gewesen, aber unbemerkt und unschädlich wie weiland die Trichine? Hatte er infolge der Entartung der Reben, infolge der Verschlechterung des Bodens oder durch das Zusammenwirken so und so vieler ihn begünstigenden Umstände auf einmal die Herrschaft über die Reben gewonnen und sich in so entsetzlicher Weise bemerkbar gemacht? Oder war er, wie so manches Ungeziefer an unsern Kulturpflanzen, mit denselben aus weiter Ferne ein= geschleppt worden?

Die kranken Reben zu Pregny waren 1869 aus englischen Treib= häusern eingeführt worden, wo man vielfach amerikanische Reben züchtet und, wie sich weiter ergeben hat, dieselben Krankheitserscheinungen schon seit 1863 beobachtet hatte. In Klosterneuburg sowohl wie in Annaberg hatte man mit Wurzelreben von amerikanischen Weinsorten das Insekt eingeschleppt. Die Handelsgärtnereien in Erfurt und bei Hamburg, die wie die englischen Treibhäuser in unmittelbarem Verkehr mit Amerika stehen, und die sonstigen Erfahrungen, namentlich auch der Umstand, daß die amerikanischen Sorten in erster Linie mit der Krankheit behaftet sind, sprachen für die anfangs bezweifelte, jetzt nicht mehr zu bestreitende Ansicht, daß uns Nordamerika die Reblauskrankheit gebracht hat. Dort kennt man sie seit 1853, wenn auch zum Theil in einer andern, später noch zu erörternden Form; neuerdings hat sie sich in der gewöhnlichen Weise, namentlich verbreitet am Mississippi, mehr und mehr zu zeigen angefangen, vorherrschend an den weniger widerstandsfähigen europäischen Reben. Wann in Frankreich der Grund zu der heutigen „Pest" gelegt ist, läßt sich nicht ermitteln, nur die Thatsache steht fest, daß man schon seit den zwanziger Jahren dieses Jahrhunderts daselbst mehrfach amerikanische Reben eingeführt hat. Wie lange aber der Feind in geringeren Mengen an den Wurzeln sitzen kann, ehe er den oberirdischen Theil der Rebe in der oben angegebenen Weise verändert, beweist seine Gegenwart in den genannten Rebschulen, wo sämmtliche Pflanzen ein vollkommen gesundes Aussehen jederzeit gezeigt haben, und nichts von Krankheit entdeckt sein würde, wenn nicht die Sicherheitsmaßregeln des deutschen Reichskanzler= Amtes dahin geführt hätten.

Bei solchen und ähnlichen Nachforschungen hat man denn auch heraus= gebracht, daß die Reblaus verschiedene wissenschaftliche Namen führt, von denen der bereits genannte, obgleich der jüngste, darum die Herrschaft be=

haupten dürfte, weil er bereits volksthümlich geworden ist. Asa Fitch, der bekannte nordamerikanische Entomolog, nannte sie (1853) Pemphigus vitifolii. Da Shimer der Ansicht war, daß das Thier keine Blattlaus der genannten Gattung sei, so gründete er auf dasselbe die neue Gattung Dactylosphaera, um das Vorhandensein der kolbigen Haare an den Füßen anzudeuten, die jedoch auch bei Schildläusen vorkommen können. Nachdem dem Altvater der Entomologie in Oxford, Prof. Westwood (1863) die Reblaus aus englischen Treibhäusern gebracht worden war, hielt er sie für neu und belegte sie mit dem neuen Namen Perytimbia vitisana; ebenso erging es endlich (1868) dem Prof. in Montpellier, Planchou, bei der Taufe auf Phylloxera vastatrix. Daß aber alle diese Namen nichts weiter bezeichnen als unsere Reblaus, die wir bald näher kennen lernen werden, steht jetzt fest.

Nachdem die Reblaus die Gemüther der französischen Bevölkerung so in Aufregung versetzt hatte, zu einer brennenden Tagesfrage geworden war, konnte unmöglich das mittlerweile erstandene junge Deutsche Reich als gefährdeter Grenznachbar den müßigen Zuschauer in dieser Angelegenheit spielen. Das 5. Stück des Reichs-Gesetzblattes enthält unter Nr. 908 vom 11. Februar 1873 die Verordnung, betreffend das Verbot der Einfuhr von Reben zum Verpflanzen:

§. 1. Die Einfuhr von Reben zum Verpflanzen (Wurzel- und Blindreben, Fechser 2c.) über sämmtliche Grenzen des Zollgebietes ist bis auf weiteres verboten.

§. 2. Das Reichskanzler-Amt ist ermächtigt, Ausnahmen von diesem Verbote zu gestatten und die desfalls erforderlichen Controlmaßregeln zu treffen.

§. 3. Gegenwärtige Verordnung tritt mit dem Tage ihrer Verkündigung in Kraft.

Unter dem 25. März 1873 forderte das Reichskanzler-Amt die deutschen Konsulate zu Bordeaux und Marseille sowie das kaiserliche General-Konsulat zu New-York zu Berichten über den Stand der Reblausangelegenheit in den betreffenden Landen auf, entsendete im November 1874 eine Kommission zu dem Weinbau-Kongresse in Montpellier und im Anschlusse hieran zu weiterem Studium der Reblaus nach Klosterneuburg. Bald nachher, unter dem 4. Dezember 1874 brachte Dr. Buhl, von 93 Mitgliedern des Reichstages unterstützt, einen Gesetzvorschlag, Maßregeln gegen die Reblauskrankheit betreffend, ein. Derselbe wurde am 29. Januar 1875 angenommen. Das unter dem 6. März 1875 publicirte Gesetz lautet:

§. 1. Der Reichskanzler ist ermächtigt: 1. Ermittelungen innerhalb des Weinbaugebietes der einzelnen Bundesstaaten über das Auftreten der Reblaus (Phylloxera vastatrix) anzustellen. 2. Untersuchungen über Mittel zur Vertilgung des Insekts anzuordnen.

§. 2. Die von dem Reichskanzler mit diesen Ermittelungen und Untersuchungen betrauten Organe sind befugt, auch ohne Einwilligung des Verfügungsberechtigten den Zugang zu jedem mit Weinreben bepflanzten Grundstücke in Anspruch zu nehmen, die Entwurzelung einer dem entsprechenden Anzahl von Rebstöcken zu bewirken und die entwurzelten Rebstöcke, sofern sie mit der Reblaus behaftet sind, an Ort und Stelle zu vernichten.

§. 3. Die durch die Ausführung dieses Gesetzes erwachsenden Kosten einschließlich der nöthigenfalls im Rechtswege festzustellenden Ersatzleistungen für etwa zugefügte Schäden werden aus Reichsmitteln bestritten.

Vom 22. bis 26. April tagte nun in Berlin eine Kommission, welche über die weitere Ausführung des Gesetzes ihre Gutachten abgeben sollte und infolge deren für die verschiedenen Gegenden ständige Kommissarien und Sachverständige bestellt worden sind. Seitdem ist diese Einrichtung nach allen Seiten hin weiter ausgebildet worden, der Verkehr der Organe mit dem Reichskanzler-Amte ein lebhafter, insofern namentlich letzteres die auf die Angelegenheit bezüglichen Schriftstücke zur Kenntniß jener bringt, dieselben zu Untersuchungen verdächtiger Gegend entsendet und alles aufzubieten fortfährt, um für den deutschen Weinbau das Unglück abzuwenden, welches den französischen schon so schwer heimgesucht hat. Nicht unmöglich, daß nach Beschickung des internationalen Kongresses in Lausanne durch das Reichskanzler-Amt dasselbe mit weiteren Maßregeln gegen die Reblaus in nächster Zeit vorgehen wird. Hoffen wir, daß alle Anstrengungen und gebrachten Opfer ihren Segen bringen mögen!

Nachdem wir die Geschichte wie die Verbreitung der Reblauskrankheit und die für Deutschland getroffenen Vorkehrungen zu ihrer Ueberwachung in den gröbsten Umrissen kennen gelernt haben, wenden wir uns der Betrachtung des kleinen Wesens zu, welches dieselbe veranlaßt, und dessen Lebensweise durch die unermüdlichen Forschungen zahlreicher Beobachter nach und nach zu unserer Kenntniß gelangt ist. Den bereits namhaft gemachten Männern stellen wir noch folgende zur Seite, ohne das besondere Verdienst der einzelnen weiter hervorzuheben, ohne mit ihnen die Zahl erschöpft zu haben: Signoret, Laliman, Bazille, Foucou, Cornu, Balbiani, Lichtenstein, Rösler, Boiteau.

Die Reblaus (Phylloxera vastatrix) gehört ihrem Körperbaue nach weder zu den echten Blattläusen, noch zu den Schildläusen. Durch ihre gedrungene Körperform und die kurzen Fühler erinnert sie an eine Tannen= laus (Chermes) und nähert sich somit den ersteren. Durch die geknopften Härchen neben den Krallen und abermals durch die Körperform bekundet sie verwandtschaftliche Beziehungen zu gewissen Schildläusen. In ihrer Entwickelungsweise hat sie aber so viel Eigenthümliches, daß Lichtenstein für die Gattung Phylloxera, von der es außer der in Rede stehenden noch mehrere andere Arten gibt, eine besondere Sippe in Anspruch nimmt, die er als Homoptera pupifera bezeichnet. Man hatte nämlich die Schnabelkerfe schon früher in solche mit ungleichartigen Flügeln (Hete- roptera, Wanzen) und in solche mit gleichartigen Flügeln (Homoptera) eingetheilt; inwiefern aber unsere Reblaus als „puppengebärende“ bezeichnet zu werden verdient, wird sich bald zeigen.

Die Wurzelbewohnerin (Fig. 2 und 3) ist von länglich eiförmigen Umrissen und so geschlossener Form, daß man die drei Hauptabschnitte des gewöhnlichen Insektenkörpers (Kopf, Mittel= und Hinterleib) nicht von einander unterscheiden kann, indem sich jeder dem folgenden eng anschließt. Am breiten Kopfe sitzen die dreigliedrigen Fühler, unmittelbar hinter ihnen die wenig entwickelten Augen als etwas dunklere Punkte, und an der Unterseite die bis zu dem Bauche herabreichende, ihm anliegende Schnabel= scheide zwischen den verhältnißmäßig kurzen sechs Beinen. An dem sich allmählich verschmälernden Hinterleibe lassen sich mehr oder weniger deutlich sieben Glieder unterscheiden, derselbe bildet jedoch kaum das hinterste Drittel des ganzen Körpers. Die beiden ersten Fühlerglieder sind kurz und dick, das dritte und längste, welches etwas querriesig erscheint, wird dadurch charakteristisch, daß seine Spitze nach außen hin schräg abgestutzt und schwach löffelförmig ausgehöhlt ist, überdies einige Borstenhaare trägt; infolge der Ringelung kann man sich über die Anzahl der Glieder täuschen, und finden sich daher auch Angaben über 4 Fühlerglieder. Die mehr dicken als langen Beine tragen auch einige Borstenhaare, namentlich an den Ge= lenken und jederseits der Kralle ein Paar geknopfter Borsten. Die vorn gespaltene, dreigliedrige Schnabelscheide läßt 3 Borsten austreten, mit denen die Reblaus tief in die Wurzeln einsticht, um den sie ernährenden Saft zu saugen. Ehe sie ihre volle Größe von etwa 0,8 mm. erreicht, häutet sie sich mehrere Male, ohne ihre Form zu verändern, nur ist bei den unausgewachsenen Stücken der Schnabel etwas länger als nachher und der Rücken durch warzenartige Erhöhungen weniger glatt als bei der erwachsenen Laus. Bei der geringen Größe sind selbstverständlich nur bei sehr starker Vergrößerung alle die angegebenen Merkmale zu erkennen.

In einer durchschnittlichen Größe von 0,5 mm. und bräunlich von Farbe (Fig. 2) sitzen die Wurzelläuse an stärkeren und tieferen Wurzeln truppweise beisammen, am liebsten unter abgesprungenen Rindenstücken und an rindenlosen Stellen der stärkeren Wurzeln, wie Fig. 1 b zeigt, um daselbst zu überwintern. In diesem Zustande haben sie die Beine eingezogen, die Fühler zurückgelegt und die Saugborsten in die Schnabel= scheide geborgen, sind vollständig regungslos, was natürlich, wie bei allen Insekten, mit dem niederen Temperaturgrade zusammenhängt. Als ich Anfangs Februar in einem Glashause mit Phylloxera behaftete Wurzeln aus der Erde herausgenommen hatte, stand die Sonne gerade über der Glasscheibe des Hauses, und daher spazirten die von den Sonnenstrahlen getroffenen Läuse, die unter solchen Verhältnissen überhaupt in keine Winter= erstarrung gefallen sein konnten, munter an den Wurzeln umher. Anders im Freien. Hier schläft sie um diese Zeit noch. Das Erwachen aus dem Winterschlafe erfolgt in südlicheren Gegenden früher als in nördlichen, beiderseits in wärmerem Boden früher, als in kälterem und richtet sich nach der Temperatur dieses. Sobald es erfolgt ist, begibt sich die Reblaus auf die jungen Wurzeln, vertauscht ihre etwas geschrumpfte, dunklere, mit einer glatten, reiner gelben Haut, saugt an den Wurzeln, welche hiedurch die knotigen Anschwellungen erlangen, und befindet sich nun in ihrem vollkommenen Zustande. Diesen bekundet weniger das äußere An= sehen als der Umstand, daß ein solches Thier mit der Spitze des sich jetzt allerdings etwas ausstreckenden Hinterleibes rechts und links tastend, in kürzester Zeit ein Eierhäuschen absetzt. Eine Wurzellaus legt 30 bis 40 Eier in kleineren Partieen bei einander ab und zwar ohne Zuthun eines Männchens. Das Ei (Fig. 4) ist blaßgelb und hat etwa 0,33 mm. im Längen= und 0,17 mm. im Quer= burchmesser. Bekanntlich legen unsere oberirdischen Blattläuse keine Eier, sondern bringen lebendige Junge zur Welt, aber auch ohne vorhergegangene Paarung mit einem Männchen, also wie die Rebläuse jungfräulich.

Nach Verlauf von 12, 8 oder nur 5 Tagen, je nach den geringeren oder höheren Wärmegraden entschlüpft die junge Laus dem Eie, hat eine lebhaft gelbe Farbe, wird durch Saugen an den Wurzeln und den da= durch entstandenen Nodositäten (s. Fig. 3) und unter mehreren Häutungen schnell groß, um dann wieder Eier zu legen. In dieser Weise geht die Vermehrung fort, bis die Bodenkälte eine allmähliche Verlangsamung und zuletzt vollkommenen Stillstand der Entwickelung eintreten läßt. Man hat berechnet, daß vom März bis in den Oktober von einer Stammmutter, welche nach dem Ablegen ihrer Eivorräthe bald abstirbt, eine Nachkommenschaft von 25 Milliarden entstehen könne. Auch wenn wir mit Zahlen rechnen wollen, von denen man sich noch Vorstellungen machen kann, so müssen wir zugeben, daß die Geburtsstätten für die Wurzelläuse nicht mehr ausreichen und daß letztere mittelst der unterirdischen Nebentheile, oder der Risse im Erdreiche, welche sie auch an das Tageslicht führen, neues Wurzelwerk aufsuchen und so nicht bloß die Wurzeln ein und desselben Stockes, sondern auch die der benachbarten erfassen und die Grenzen ihres Verwüstungsherdes immer weiter und weiter hinausschieben. Gleichzeitig leuchtet ein, daß, wie schon oben bemerkt wurde, ein für Rissebildung am wenigsten geneigter Sandboden einer schnellen Ausbreitung am ungünstigsten ist.

Die eben mitgetheilte Vermehrungsweise findet allerwärts statt und ist auch am längsten bekannt, aber sie erschöpft den natürlichen Entwicklungsgang unseres Rebenfeindes noch nicht.

Im Laufe des Sommers kommen zwischen den Eltern und verschiedenalterigen Wurzelläusen der bisher kennen gelernten Form einzelne von der Beschaffenheit unserer Fig. 5 vor. Sie sind etwas gestreckter, auf dem Rücken mit deutlichen Warzenreihen versehen, mehr orangegelb, mithin röthlicher gefärbt, haben längere Fühler und jederseits des Körpers ein dunkles Hautläppchen, welches sie als die Larven von geflügelten Läusen kennzeichnet. Sie sind in ihren Bewegungen lebendiger als die ungeflügelten und beginnen ihren Ausmarsch aus dem Boden längs der Rebe kurz vor der letzten Häutung. Nach derselben ist die

geflügelte Reblaus (Fig. 6) geboren. Dieselbe hat einen gestreckteren Körper, an welchem sich der Kopf sehr deutlich absetzt, schlankere Fühler und Beine im Vergleiche zu den flügellosen Wurzelbewohnerinnen und trägt 4 glasartige, zarte Flügel, welche nicht, wie bei den Blattläusen, dachartig den Körper überragen, sondern platt dessen Rücken aufliegen. Ihre Körperlänge beträgt 1 mm. und etwas darüber, und die Färbung ist roth mit schwärzlichem Anfluge, namentlich in der Mitte. Die gestreckten Fühler sind am langen letzten Gliede an der Außenseite ausgeschnitten und vorn gleichmäßig stumpf zugespitzt, die Augen vollkommener entwickelt als bei den Wurzelbewohnern, der hier in der Spitze sichtbare Schnabel mäßig lang. Die Vorderflügel überragen den Körper sehr bedeutend nach hinten und zeigen nur zwei Schrägäste. Die wesentlich kürzeren Hinterflügel werden nur von einem solchen gestützt.

Die Erscheinungszeit der geflügelten Rebläuse ist je nach den Oert-

lichkeiten verschieden und hängt jedenfalls wieder von den Wärmever=
hältnissen jener ab. In Frankreich hat man die Schwärmzeit vom 15. Juni
ab, vorherrschend im Juli und August beobachtet, während Prof. Rösler
in Klosterneuburg den 25. bis 28. September als die Hauptflugzeit be=
zeichnet und selbst noch am 18. Oktober geflügelte Läuse im Freien antraf.
Wegen ihrer Kleinheit und des verhältnißmäßig vereinzelten Auftretens
hat man die geflügelte Form anfangs auch in Frankreich ganz übersehen
und meines Wissens bisher überhaupt in Deutschland noch nicht aufgefunden,
mit Ausnahme eines einzigen Males bei Stuttgart (1876.)

Daß die geflügelten Rebläuse von der Natur dazu bestimmt sind,
neue Kolonien auszusenden und die Art weithin auszubreiten, unterliegt
keinem Zweifel und stimmt ganz mit der Lebensweise der Blattläuse
überein, deren Gesellschaften im Sommer ja auch, wie allbekannt, aus un=
geflügelten und geflügelten Formen bestehen, von denen die letzteren fern
von ihrem Geburtsorte neue Ansiedelungen gründen. Aus eigenem Ver=
mögen kann zwar die geflügelte Reblaus weite Räume nicht zurücklegen,
sie wird aber durch die Luftströmungen auf große Entfernungen fortge=
tragen und ist auch im Stande, nicht starken Luftströmen entgegen sich
zu bewegen, um einer Verschleppung in Kulturen sich zu entziehen, welche
ihren Lebensbedingungen nicht entspricht. Mithin bildet die geflügelte
Reblaus neben dem früher erwähnten ein weiteres natürliches Ver=
breitungsmittel der Krankheit, und zwar ein solches, welches auf weitere
Entfernungen und auf solche Stellen von Einfluß sein kann, die bisher
gegen Ansteckung vollkommen gesichert erscheinen mochten.

Die eben besprochene Reblausform hat aber noch eine ganz andere
Bedeutung für die Art als die bloße örtliche Ausbreitung, sie soll der
Entartung des Geschlechts vorbeugen, ihm neue Kraft zuführen. Sie ist
nämlich gleichfalls ein Weibchen, welches ohne Zuthun eines Männchens
anscheinend Eier legt, aber sehr wenige, höchstens bis vier und von
zweierlei Größe: 0,32 und 0,15 mm. in den beiden Haupterstreckungen
messen die größeren, 0,28 und 0,12 die kleineren. Diese Gebilde,
welche sich äußerlich von den Eiern der flügellosen Wurzelbewohnerin
nicht unterscheiden, werden am liebsten zwischen die Gabeln der Blatt=
rippen an der Unterseite der Blätter angeklebt, auch an eine Knospe oder
ausnahmsweise an das Holz. Nach 8 bis 10 Tagen schlüpft aus
dem größeren Ei ein geschlechtsreifes Weibchen, aus dem kleineren ein Männ=
chen, die beide sich nicht häuten, keine Nahrung zu sich nehmen und
ihre kurze Lebensdauer fristen mit der dotterartigen Masse, welche
während ihrer Entwickelung im vermeintlichen Ei nicht verbraucht wurde

und im Körper eingeschlossen blieb. Lichtenstein will wegen dieser Ver=
hältnisse jene abgelegten Gebilde darum auch nicht als Eier gelten lassen,
sondern bezeichnet sie als Puppe (daher Homoptera pupifera s. S. 10).

Die Geschlechtsthiere gleichen im äußeren Ansehen den flügel=
losen Wurzelbewohnern, namentlich hinsichtlich der Beine und Fühlerlänge,
sind in den Körperumrissen wenig breiter, mehr elliptisch, gelb von Farbe,
stellenweise rothfleckig, die Augen sind vollkommen entwickelt, das letzte
Fühlerglied gleichmäßig stumpf zugespitzt, nicht schräg abgeschnitten wie
dort. Sie haben aber keinen Saugrüssel und dem entsprechend fehlen
ihnen im Inneren auch die Verdauungswerkzeuge. Sie erscheinen zwischen
August und Oktober.

Das Weibchen (Fig. 7 von der Bauchseite) ist 0,4—0,5 mm.
lang, das Männchen etwas kleiner und am äußersten Leibesende mehr
zugespitzt. Beide paaren sich miteinander, das Männchen auch mit mehreren
Weibchen nach einander, stirbt aber sofort nachher ab.

Nach drei bis vier Tagen legt das Weibchen ein einziges Ei, das
sogenannte Winterei, und zwar klebt es dasselbe an solche oberirdische
Stellen des Holzes an, welche durch die Lösung der alten Rinde von der
jüngeren Hohlräume bilden. Es wird somit ein gewisses Alter des Holzes
vorausgesetzt, aber an älterem als zwölfjährigem konnte Boiteau, dem wir
diese Entdeckung verdanken, keine Wintereier auffinden. Möglich, daß sich
mit der Zeit in dieser, wie in anderen Beziehungen durch die Verhältnisse
gebotene Abweichungen herausstellen werden. An den eben näher be=
zeichneten Stellen scheinen sich mehrere Weibchen zusammen zu finden,
wenigstens hat man einige Eier beieinander gefunden, dann und wann den
abgestorbenen Leichnam eines Weibchens daneben und auch ein und das
andere gelbe Ei, welches mit der Zeit einschrumpft und für — unbe=
fruchtet gehalten wird.

Das befruchtete Winterei (Fig. 8) ist schwer zu erkennen, weil
es die Farbe der umgebenden Rinde hat, stellenweise etwas fleckig ver=
dunkelt. Von Gestalt ist es walzenförmig, an beiden Enden gleichmäßig
abgerundet und mißt 0,21 bis 0,27 mm. im Längen=, dem entsprechend
0,10 bis 0,13 im Querdurchmesser.

Zwischen der zweiten Hälfte des April und der ersten des Mai ent=
steht an dem einen Ende des Wintereies eine Längsspalte, aus welcher
eine ungeflügelte Reblaus, die Stammmutter einer zahlreichen Nach=
kommenschaft hervorbringt. Sie erinnert in ihrer äußeren Erscheinung an
eine Wurzelbewohnerin, gleicht jedoch in Hinsicht auf die gleichmäßig
stumpf verlaufende Fühlerspitze den oberirdischen Formen. Indem sie in

ihrer Jugend sehr beweglich ist, begibt sie sich nach oben auf den oberirdischen Theil des Rebstockes, oder — — nach seiner Wurzel. Diese zweite Annahme lassen wir vorläufig vollständig außer Acht.

Die Stammmutter, jetzt noch Larve, gelangt also nach einer Knospe und mit deren Entwickelung auf ein zartes Blatt. Auf dessen Oberseite bohrt sie saugend ihren Rüssel ein. Durch den fortwährenden Reiz des Saugens entsteht nach Riley auf der entgegengesetzten Blattseite eine Anschwellung. Die obere Seite wird allmählich rauh und schließt sich, so daß die Laus nicht mehr sichtbar bleibt. Die Anschwellung nach unten nimmt zu und wird zu einer Galle. Dieselbe (Fig. 1 c, d und Fig. 9) ist blasenartig, runzelig auf ihrer Oberfläche und mit weichen Wärzchen und fleischigen, durchsichtigen Härchen untermengt besetzt; auch ihre Oeffnung auf der Oberseite des Blattes wird durch dergleichen Fleischhaare verschlossen. Es sei beiläufig darauf aufmerksam gemacht, daß noch andere Gallengebilde auf den Weinblättern vorkommen, welche theils Pilsen ihren Ursprung verdanken, theils einer Milbe (dem Phytoptus vitis), die aber alle einen andern Anblick als die in Rede stehenden gewähren und daher nicht mit ihnen verwechselt werden können. Solcher Gallen können sich zu 140 bis 150 auf einem einzigen Blatte finden, in der Regel jedoch weniger (6—8). In Nordamerika kommen sie sehr häufig vor, und kennt man sie seit 1854; der ihrem Erzeuger gegebene Beiname „vitifolii" (s. S. 8) weist auf diese Gallen hin. In England kennt man sie seit 1863, in Frankreich entdeckte Mitte Juli 1869 Planchon die ersten zu Sorgues im Vaucluse und kurz darauf Laliman im Bordelais, der einzigen Oertlichkeit in ganz Frankreich, wo sie in großen Mengen auftreten. In Deutschland hat man sie meines Wissens noch nicht aufgefunden. Daß die Gallen- und Wurzel-Phylloxera, die amerikanische und die europäische dieselben sind, wurde bereits erwähnt, es sei nur hier noch eines Versuches gedacht, welcher das erstere schlagend darthut. Signoret hatte auf einer völlig gesunden, in einem Topfe gezogenen Rebe Phylloxeragallen ausgesetzt, die ihm Laliman zugeschickt hatte. Er sah nun, wie die aus diesen Gallen hervorgegangenen Läuse sich über die Blätter verbreiteten, neue Gallen auf ihnen erzeugten, und wie die Jungen, die aus diesen letzteren entsprangen, sich dann zu den Wurzeln wandten, sich darauf festsetzten und schließlich vollkommen den Charakter der Wurzelbewohner annahmen. Hiermit sind wir wieder zu unserer, in der Galle verschwundenen Phylloxera zurückgekehrt. Wie bei unsern echten, in Gallen wohnenden Blattläusen (der Gattung Pemphigus, Tetraneura) wächst sie unter mehrfachen Häutungen zu ihrer vollen Größe von 1—1,15 mm.

unb hat das Ansehen unserer Fig. 10. Der Körper ist elförmig, braun oder grün gefärbt, bie Beine und Fühler sind verhältnißmäßig dünn, der Schnabel kurz, die Augen unentwickelt.

In dieser Verfassung findet sich die Stammmutter in der Galle, umgeben von zahlreichen Eiern, die sie jungfräulich gelegt hat, oder in Gesellschaft der Jungen, die jenen bereits entschlüpft sind. Dieselben werden nie so groß wie die Stammmutter, verbreiten sich über das Blatt, bilden weitere Gallen, legen Eier und gehen schließlich, wie wir aus den Versuchen von Signoret soeben erfahren haben, die auch von anderen, wie Gervais und Planchon bestätigt worden sind, zu den Wurzeln über. Jebenfalls tritt bei den Blättern ein Zustand ein, der sie ihrer gallenbildenden Fähigkeit beraubt und den Rebläusen ferner nicht mehr zusagt.

Somit wäre der Entwickelungsgang der Reblaus abgeschlossen und an dem Punkte angelangt, mit welchem seine Schilderung begann. Dennoch enthält er manches Räthselhafte, dessen vollkommene Aufklärung weiteren Erfahrungen vorbehalten bleibt. Namentlich hat der zuletzt erwähnte Abstecher, den die Reblaus nach den Blättern macht, bevor sie sich zur unterirdischen Lebensweise bequemt, etwas Befremdendes. In Amerika sind, wie wir bereits erfahren haben, die Blattgallen allgemein verbreitet, sie bringen aber, gleich den von Gallwespen erzeugten Gallen an unseren Eichen, dem Weinstocke keinen merklichen Schaden, und die Phylloxera hat dort wegen ihrer höchst abweichenden Entwicklungsweise mehr ein naturwissenschaftliches Interesse gewonnen, als durch ihre Wirkungen auf die Reben eine volkswirthschaftliche Bedeutung. Ganz anders in Frankreich. Hier sind die Blattgallen nur vereinzelt, dagegen die Nodositäten an den Wurzeln das Vorherrschende und deren Wirkungen für die Reben das Furchtbare, was wir bereits kennen gelernt haben. Unter diesen Umständen liegt die Vermuthung nahe, und weitere Versuche haben dieselbe bestätigt, daß die amerikanischen Reben und wieder eine Art vor der andern zur Bildung der Phylloxeragallen neigen, während unsere europäischen Sorten für Gallenbildung keine Anlage haben. Vereinzelt haben sie Gallen gezeigt, doch kleinere, unvollkommenere, nur sehr schwach bevölkerte; dagegen sind ihre Wurzeln für Nodositäten außerordentlich empfänglich. Dr. Fatio meint nun, daß Gallen und Nodositäten sich einander ergänzen, für die Entwickelung der Phylloxera eine gleiche Bedeutung haben, oder mit andern Worten, daß diejenigen Läuse, welche in dem einen Falle Blattgallen hervorbringen, in dem andern, wo die Rebe nicht zu beren Bildung angethan ist, sofort in die Erde gingen und an den Wurzeln die Anschwellungen erzeugen. Er unterstützt seine Ansicht einmal mit der überraschenden Aehnlichkeit der Stammmutter in einer Galle und der großen grünen unterirdischen Laus, welche sich, bei Genf wenigstens, häufig an den starken Nodositäten der Wurzeln, sehr selten an den unveränderten Wurzeln selbst findet und zwar nicht früher, als die Anschwellungen sich bilden, aber auch später nicht mehr, wenn die Kolonie durch weitere Bruten vermehrt worden ist. Sie legt ohne Unterbrechung zahlreiche Eier an jene Anschwellung, welche sie durch ihr Saugen erzeugt hat, und, wie er meint, immer mehr Eier als die gewöhnlichen Wurzel= läuse. Ferner ist beobachtet worden, daß die gallenerzeugende und die knotenbildende Form in gleicher Weise, jene an den Blättern, diese an den Wurzelknötchen zwei bis drei unter sich vollkommen übereinstimmende Bruten erzeugt, bevor sie in die rein wurzelbewohnende Form mit der schräg zugeschärften Fühlerspitze übergeht (Fig. 2, 3). Endlich haben auch im südlichen Frankreich, wo Blattgallen vorkommen, einige Beo= bachtungen dargethan, daß dem Wintereie entstammende Läuse gleich vom Frühjahre an mehrfach in den Boden gedrungen sind, wodurch also das Oder in obigem Satze (S. 15) gerechtfertigt erscheint.

Die Natur der Rebe, die Beschaffenheit des Bodens, die Witterungs= verhältnisse, die Behandlungsweise des Rebstockes, dies alles sind Dinge, welche die beiden anscheinend verschiedenen, im Grunde jedoch nach dem= selben Ziele führenden Entwickelungsweisen der Reblaus beeinflussen dürften. Fortgesetzte Beobachtungen nach dieser Richtung hin werden uns hoffentlich mit der Zeit größere Bestimmtheit bringen und das zu Thatsachen werden lassen, was bis jetzt nur als Vermuthung hingestellt werden kann.

Fatio geht noch einen Schritt weiter: nicht nur das Gallenleben kann bei der Entwickelung ausfallen, sondern unter gewissen, allerdings noch nicht ermittelten Umständen selbst die geschlechtliche Fortpflanzung durch das Winterei, mit andern Worten, ohne Entstehung der geflügelten Läuse, ausschließlich durch das früher geschilderte Leben an den Wurzeln kann sich die Phylloxera jahrelang erhalten. Auch für diese Ansicht werden Beweisgründe vorgeführt: 1) Bei Pregny haust die Reblaus seit sieben Jahren, anfangs in Gewächshäusern an eingeführten Reben, dann etwa seit fünf Jahren in den benachbarten Bergen, und trotzdem ist ihr Verbreitungsgebiet ein sehr beschränktes geblieben. Ein Gleiches dürfte meiner Ansicht nach für die bereits früher erwähnten Handelsgärtnereien in Erfurt, bei Hamburg, im Oberelsaß gelten. 2) Obgleich sich bei Pregny von Beginn des August an sehr viele Larven mit Flügelansätzen an den Anschwellungen gezeigt haben, so gehörten doch stets geflügelte Rebläuse zu den seltenen Erscheinungen in dem Kanton Genf. — Zur Zeit hofft

2

man durch energische Verfolgung dort der Reblaus ein Ende gemacht zu haben. — 3) Es scheint somit, daß die Larven unter Umständen in der Erde bleiben, weil sie ihre Verwandlung nicht haben zu Ende bringen können. Fatio beruft sich hiebei u. a. auch auf eine von Gerstäcker bei Klosterneuburg gemachte Beobachtung, nach welcher sich im November (1874) an einer Wurzel junge Läuse rings um zwei Larven vorgefunden hatten, und auf die Ansicht des genannten Forschers, daß jene die Nachkommen dieser möglichenfalls gewesen seien. 4) Balbiani hat im Herbste (1874) an den Wurzeln echte Weibchen gefunden, die schwerlich dazu bestimmt gewesen sind, ihr Winterei an das oberirdische Holz abzulegen. 5) Die vorher besprochene legende Laus an den Wurzelknoten, welche der aus dem Wintereie entsprossenen Gallenbewohnerin so ähnlich ist, scheint bisher im südlichen Frankreich, wo die geflügelten Läuse so häufig sind, nur vereinzelt beobachtet worden zu sein, während sich im Kanton Genf die Verhältnisse umkehren, wo die geflügelten selten und die knotenerzeugenden häufig sind. 6) Fatio hatte in einem vollkommen abgeschlossenen, ein kleines Gewächshaus nachahmenden Versuchsgefäße, im August eine Rebe eingepflanzt, deren Wurzeln mit zahlreichen Larven besetzt waren. Die Innenwände des Gefässes waren mit Vogelleim bestrichen, um ein Entweichen von innen nach außen neben dem guten Verschlusse unmöglich zu machen. Vor dem Herbste waren sieben geflügelte Läuse aus der Erde gekrochen und an den Wänden kleben geblieben. Bei einer Untersuchung der unterirdischen Rebentheile am 6. Mai des folgenden Jahres fand sich an einer stärkeren Wurzel, deren Rinde in keinerlei Weise gelöst war, nahe der Erdoberfläche ein — Winterei. Dasselbe war dem Ausschlüpfen nahe; denn es ließ den Embryo durchscheinen, zerbrach aber bei dem Versuche, es von der Rinde abzulösen.

Wir haben gesehen, daß die Entwickelung der Reblaus nicht immer und nicht überall so glatt verläuft, wie es oben mitgetheilt worden ist, daß Abweichungen mancherlei Art vorkommen. Wer den seit Ende des vorigen Jahrhunderts von einzelnen hervorragenden Forschern unternommenen Bemühungen näher getreten ist, welche sich auf die Ergründung der Lebensgeschichte der Blatt und Schildläuse beziehen, wird sich über dergleichen Unregelmäßigkeiten nicht wundern. Die ganze Entwickelungsweise ist eben eine räthselhafte, von der der meisten übrigen Kerfe abweichende. Wenn es z. B. möglich ist, unsere gemeine RosenBlattlaus (Aphis rosae) mehrere Jahre hinter einander bei der Zucht im Zimmer nur durch lebende Geburten fortzupflanzen, während in jedem Jahre nach der gewöhnlichen Entwickelung im Freien gegen den Winter hin von einem befruchteten Weibchen Eier gelegt werden, welchen die Läuse für das nächste Jahr ihr Dasein verdanken, warum sollte bei der Reblaus, die durch ihr vorherrschend unterirdisches Leben den unmittelbaren Witterungsverhältnissen weniger ausgesetzt ist als die blattbewohnenden Aphisarten, nicht auch Abweichungen von denjenigen Vorgängen vorkommen können, die man als Regel zu betrachten hat, und die in erster Linie das Fortbestehen der Art auch unter den ungünstigsten Verhältnissen bezwecken?

————

Schließlich noch einige Winke über die Art und Weise, wie der Reblauskrankheit zu begegnen sei.

Zunächst hatte man versucht, durch Düngungsmittel die kranken Rebstöcke wieder zu kräftigen und gleichzeitig die Läuse zu tödten. Wir verweisen in dieser Hinsicht auf „Die Rebwurzellaus" von Prof. Neßler, Stuttgart, 1875, Eugen Ulmer. Alles war vergeblich, weil es nicht lange vorhielt. Das einzige Mittel, welches sich bewährt hat, aber nur in den weitaus seltensten Fällen zur Anwendung kommen kann, ist das ungefähr einen Monat lang andauernde Unterwassersetzen der befallenen Reben. Ein zweites, aber Geheimmittel einer Frau Sottorf in Hamburg möchte ich darum nicht unerwähnt lassen, weil dasselbe eine Reihe von Stöcken der Rebschule von Haage und Schmidt in Erfurt von dem Ungeziefer befreit und 13 Monate lang in gesundem Zustande erhalten hat. Die Besitzer haben nach dieser Zeit jene Reben entfernt und den Boden anderen Kulturen eröffnet, weil der Rebhandel von Erfurt durch das dortige Auftreten der Phylloxera zu Grunde gerichtet worden ist.

Abgesehen von den beiden eben erwähnten Fällen hat sich die vollständige, mit größter Beharrlichkeit durchgeführte Vernichtung der erkrankten und nächsten gesunden Nachbarreben und die Desinfection des Bodens als die einzige Möglichkeit ergeben, an der betreffenden Stelle der Krankheit Meister zu werden. Selbstverständlich läßt sich, wie in allen andern ähnlichen Fällen, diese Aufgabe leichter und mit verhältnißmäßig geringeren Opfern lösen, wenn sich die Krankheit in ihrem Entstehen und noch nicht auf dem Höhenpunkte ihrer Entwickelung befindet, also nach dem bisherigen Stande der Dinge allerwärts in unserem deutschen Vaterlande mit günstigerem Erfolge, als auf den versenchten Gefilden Frankreichs. Für die deutschen Verhältnisse nur gelten die nun zu erörternden Maßregeln.

Es sind verschiedene Mittel und diese wiederum in verschiedener Weise in Anwendung gebracht worden, alle aber darauf berechnet, in **möglichst kurzer Frist jede einzelne Rebe mit Stumpf und Stiel nebst dem ihr anhaftenden Ungeziefer zu tödten und dessen geflügelte Form am Hervorkommen aus der Erde zu verhindern.** Als Gift, um beide zu tödten, hat sich der Schwefelkohlenstoff bewährt. Es ist dies eine wasserklare, leicht verdunstende, sehr leicht entzündliche Flüssigkeit, die daher in gut schließenden Gefässen unter Wasser und abgeschlossen vom Sonnenlichte aufbewahrt werden muß. Die durch seine Verdunstung geschwängerte Atmosphäre ist tobtbringend, muß daher in den Boden einbringen, um auf die Wurzeln einwirken zu können. Hierin liegt eine Schwierigkeit bei der Anwendung, da diese Dünste in einen lockern Boden besser einbringen als in einen festen, in nassen Boden viel langsamer als in trockenen, weil der Schwefelkohlenstoff in Wasser nicht löslich ist. Es läßt sich daher keine bestimmte Menge für einen Rebstock im allgemeinen angeben, und wird dieselbe je nach der Beschaffenheit des Bodens eine verschiedene sein und für jede Oertlichkeit erst abprobirt werden müssen. Durch eine Lösung von Schwefelkohlenstoff und Schwefelalkalien (dies sind Schwefelsalze, wie Schwefelkalium, Schwefelnatrium, Schwefelammonium, xanthogensaures Kali oder Natron) entwickelt sich nur allmählich Schwefelkohlenstoff und Schwefelwasserstoff, und sind solche Lösungen in sehr feuchtem Boden darum zweckmäßig, weil sie durch das Wasser nicht gehemmt werden, sie müssen aber in größern Mengen zur Verwendung kommen als der reine Schwefelkohlenstoff. Man wandte sie anfangs auf Dumas' Rath an, als man noch darauf ausging, die Rebstöcke zu retten und nur die Läuse zu tödten, bis man zu der Ueberzeugung gelangte, daß eine gründliche Vertilgung der letzteren auch eine Vernichtung des ersteren zur nothwendigen Folge hatte.

Um nun die Wurzeln möglichst dem Schwefelkohlenstoffdunste auszusetzen, müssen in ihrer Nähe mit einem Pfahleisen, wo nöthig mit einem Erdbohrer, mindestens einen Meter tiefe Löcher angefertigt werden. In diese gießt man den Schwefelkohlenstoff und deckt sie sofort wieder mit Erde zu, damit die Dünste nicht nach oben entweichen können. Die Menge richtet sich, wie oben bereits bemerkt, nach der Bodenbeschaffenheit, (bei den Desinfectionen in Pregny rechnete man von der wesentlich schwächer wirkenden Dumas'schen Lösung 20 cc. auf den Stock, 40 cc. auf den Quadratmeter).

Das Vertilgungswerk selbst, dem wir nun nach den vorbereitenden Bemerkungen näher treten, besteht am zweckmäßigsten in folgendem Verfahren. Sobald an einer Stelle die Krankheit festgestellt und durch umge-

stecke Pfähle markirt ist, wenn sie sich in einer zusammenhängenden Wein=
anpflanzung befindet, so erweitert man den Umkreis derselben um etwa
2—3 Meter, je nach der vom Alter der Stöcke abhängigen geringeren
oder weiteren Ausbreitung ihrer Wurzeln, und beginnt die Vernichtung
von dem äußern Umfange, von hier nach innen fortschreitend. Zunächst
wird es nöthig sein, bei jedem einzelnen Stocke die Richtung der Wurzeln
zu ermitteln, was bei alten Reben durch das Wegräumen der Erdschicht
von dem Wurzelstocke, bei jüngern durch kräftiges Ziehen am Stocke selbst
ermöglicht wird. Ist dies festgestellt, so haut man den oberirdischen Theil
ab und verbrennt ihn nach Eintauchen in Erdöl an Ort und Stelle, so=
bald etwas freier Raum dazu geschafft ist, fertigt in den Wurzelrichtungen
die Löcher, beschickt dieselben mit dem Schwefelkohlenstoffe, bedeckt sie mit
Erde, ebnet den Boden möglichst und stampft ihn fest. Sind durch dieses
Verfahren die Löcher, die man leicht durch einen eingesteckten Pflock mar=
kiren kann, auf der nach und nach leer werdenden Bodenfläche sehr unregel=
mäßig vertheilt, so wird es zweckmäßig sein, in den größern Zwischen=
räumen noch einige Löcher anzubringen, damit sich die Schwefelkohlenstoff=
dünste möglichst gleichmäßig in dem Boden ausbreiten. Die auf diese
Weise desinficirte Fläche ist nun sorgfältig zu überwachen, nament=
lich auf die etwa hie und da hervorbrechenden Wurzelausschläge Acht zu
haben, weil dieselben das Fortleben der Wurzeln anzeigen und hier eine
weitere Desinfection nöthig machen. Das Abhauen und Vernichten der
oberirdischen Rebentheile halte ich darum für geboten, weil die Tödtung
der Wurzeln entschieden hierdurch beschleunigt wird und weil zu gewissen
Zeiten, wie wir oben aus der Lebensweise der Reblaus erfahren haben,
wenn auch in Deutschland noch nicht beobachtete Lebensformen daran haften
können. Eine Verschleppung der Reblaus kann durch die angegebene Be=
handlungsweise nicht stattfinden, wie Herr Dr. Kirschbaum meint, der
die oberirdischen Theile darum stehen gelassen wissen will. Geschieht die
Desinfection im April, Mai, Juni und wird etwa im Juli an den be=
sonders verdächtig gefundenen Stellen wiederholt, so halte ich für einen
nach oben hin nicht zu lockern Boden eine Bedeckung desselben mit Theer
oder einer Lehmschicht, die an steilen Stellen ihre großen Schwierigkeiten
haben dürfte, gegen die etwa herauskriechenden geflügelten Läuse für über=
flüssig, selbst dann, wenn die Desinfection erst vom Juli ab vorgenommen
ist, weil man erst in dieser späteren Zeit das Vorhandensein der Phylloxera
entdeckt hatte, so haben wir uns nach den bisherigen Erfolgen in Deutsch=
land vor den geflügelten Läusen weniger zu fürchten als die Franzosen,
müssen aber ihretwegen dennoch den Bodenschluß vornehmen.

Anders gestaltet sich die Sache, wenn sehr bald nach der Desinfection über der desinficirten Fläche der Schwefelkohlengeruch das starke Entweichen aus dem Boden beweist. Dann ist unverzüglich die Fläche mit Theer oder mit einer naßgehaltenen Lehmdecke zu überziehen. Die vorgeschlagenen Ueberzüge, zu denen auch eine 2 cm. starke Schicht von Gaskalk (aus den Reinigern der Gasanstalten) zählt, sollen nach allen von mir eingesehenen Berichten das Hervorkommen der geflügelten Läuse verhindern.

Wenn nach Jahresfrist auf in dieser Weise behandeltem Boden andere Pflanzen gedeihen, so kann man sie getrost anbauen, Reben dürfen unter drei Jahren nicht wieder angepflanzt werden.

Da bei der bestehenden Seuche von vielen Seiten dem Anbaue von amerikanischen Reben das Wort geredet wird, der internationale Kongreß in Lausanne (1877) hierzu Vitis nestivalis, V. cordifolia, V. Labrusca empfiehlt, und da sowohl durch diese, wie durch andere aus verlausten Gegenden bezogene Stecklinge eine Verschleppung der Krankheit zu befürchten ist, so dürfte zum Schlusse die Angabe eines Desinfektionsverfahrens solcher Stecklinge oder Wurzelreben hier am Orte sein. Es ist einem Berichte des Prof. Dr. Kirschbaum in Wiesbaden an das Reichskanzler-Amt entnommen und das Ergebniß einer Reihe sorgfältiger Versuche. Diese haben folgendes gelehrt:

1) In einem geschlossenen Raume töbtet der concentrirte Dunst von Schwefelkohlenstoff, welcher sich aus $^1/_{500}$ flüssigen Schwefelkohlenstoffs von dem Rauminhalte des Verschlusses nach etwa einer Viertelstunde entwickelt hat, innerhalb 15 Minuten Eier und jegliche Entwicklungsstände nicht nur der Reblaus, sondern jedes anderen Insekts.

2) Pflanzen und Pflanzentheile ertragen den Aufenthalt in derselben Schwefelkohlenstoffatmosphäre bis 1¼ Stunde, ohne getöbtet oder auch nur benachtheiligt zu werden. Setzreben, die nach 1½stündigem Aufenthalte in derselben gepflanzt wurden, schlugen gut an; hatten sie bereits Blätter getrieben, so verdorrten diese nach zweistündigem Aufenthalte, aber die Reben trieben zum Theil neue Blätter, nachdem sie eingepflanzt worden waren.

Die einfache Einrichtung eines abgeschlossenen Raumes besteht in einem Kasten aus Eisen= oder Zinkblech, um dessen obern Rand eine Rinne läuft, die mit Wasser gefüllt werden kann und gleichzeitig den übergreifenden Deckel aufnimmt. Das Wasser bildet den luftdichten Verschluß des Deckels. Der Kasten hat einige Zoll über seinem Boden einen herausnehmbaren zweiten, mit weiten Löchern versehenen Boden. Um nun in diesem Gefäße Reben (oder andere Gegenstände) von etwa anhaftendem

Ungeziefer zu befreien, gießt man in die Rinne oben Wasser, nimmt den durchlöcherten Boden heraus, gießt auf das den untern Boden einnehmende Werg ¹/₅₀₀ von dem Rauminhalte des ganzen Kastens Schwefelkohlenstoff, legt den durchlöcherten Boden darüber und auf diesen die zu desinficirenden Reben, jedoch dann erst, wenn der Dunst sich hinreichend entwickelt hat, was daran zu erkennen ist, daß man das Gesicht nicht mehr über dem geöffneten Kasten halten kann. Sofort wird dann der Deckel aufgesetzt und der Inhalt eine reichliche Stunde im Kasten gelassen. Man kann in dieser Weise nach einander größere Mengen von Rebenbündeln desinficiren, wenn man nur etwas Schwefelkohlenstoff nachgießt, sobald man ohne Be= schwerden das Gesicht über den geöffneten Kasten halten kann. Bei einem Kasten von 100,000 C.=Cent. Rauminhalt sind nach obiger Angabe 200 C.=Cent. Schwefelkohlenstoff nöthig, oder ¹/₅ Liter; diese entsprechen etwa 254 Gramm an Gewicht. 1 Kilogramm kostet aber nach Schering's Preisverzeichnisse ab Berlin 90 ₰, 254 Gramm kosten also etwa 23 ₰, rectificirter Schwefelkohlenstoff, welcher jedoch nicht nöthig ist, 30 ₰. Der Gesundheit nachtheilige Folgen ergeben sich aus den Schwefelkohlenstoff= dämpfen für die desinficirende Person nicht, nur muß jener mit der oben angegebenen Vorsicht behandelt werden.

Beiläufig sei noch bemerkt, daß sich der Schwefelkohlenstoffkasten auch zur Tödtung von Motten u. a. Ungeziefer in den Kleidern, Herbarien und ausgestopften Thieren mit dem besten Erfolge anwenden läßt.

Die Blutlaus, Wolltragende Apfelbaum-Rindenlaus,

Schizoneura lanigera.

Diese Rindenlaus gehört zu der Familie der echten Blattläuse (Aphidina), unterscheidet sich jedoch in Ansehung ihres Körperbaues wie ihrer Lebensweise von den Arten der Gattung Aphis in mehrfacher Weise.

Die ungeflügelte Form (Fig. 13) ist im erwachsenen Alter 1,5 mm. lang, hoch gewölbt, hinter der Mitte am breitesten, am Hinterende sehr stumpf zugespitzt, röthlichbraun gefärbt, mit etwas blaugrauem Scheine, auf Rücken, Körperseiten und namentlich am Leibesende mit theilweise langen, weißen Wollfäden dicht bekleidet; einzelne von diesen sind mehr blau gefärbt. Wie bei andern wolltragenden Läusen sind diese Ausschwitzungen vergänglich, ersetzen sich aber bis zu einem gewissen Grade wieder, wenn sie durch Abstoßen und Abreiben verloren gegangen sind. An Stelle der beiden Safttröhren gegen das Ende des Hinterleibsrückens, welche die Aphis-Arten tragen, kommt hier jederseits nur eine ringförmige Narbe vor. Die Fühler sind gelblich, verhältnißmäßig kurz und sechsgliedrig; die drei letzten Glieder, unter sich so ziemlich gleichlang, zusammengenommen etwas größer als das längste, dritte Glied, zeigen gleich diesem auf ihrer Oberfläche schraubenartige Ringelung. Der Schnabel ist dreigliedrig, reicht ungefähr bis zu den Hinterfüßen, ist weißlich gefärbt und nur an der Spitze schwärzlich. Die braunen Augen sind verhältnißmäßig klein und stechen von der Grundfarbe wenig ab. Die zweikralligen Beine sind gelblich, an den Knieen braun und gedrungener als bei den Arten der Gattung Aphis.

Bei den mehr röthlich gelb gefärbten und alsbald wollig bekleideten Larven ist der Schnabel länger, die Fühler dagegen lassen nur fünf Glieder unterscheiden. So lange sie sich noch nicht stark genährt haben, sind sie schlanker; mit der weiteren Ernährung und der Entwickelung der Eier im Innern dehnt sich der Körper allmählich in die Breite aus.

Die geflügelte Form (Fig. 14) ist, wie überall, mehr gestreckt, der Kopf deutlicher abgesetzt. Die Augen sind größer und deutlicher, die

Fühler etwas schlanker, jedoch ebenfalls nur sechsgliedrig, noch nicht so lang wie Kopf und Mittelleib zusammengenommen. Ihre beiden Grund= glieder sind sehr kurz, das dritte länger als die folgenden zusammenge= nommen, Glied 3, 4 und 5 geringelt, 6 glatt und elliptisch. Kopf, Hals= schild und Fühler sind glänzend schwarz, letztere auch etwas lichter, der Schnabel weißlich, der Hinterleib chokoladenbraun und weißwollig. Die schlankeren Beine sind durchscheinend bräunlich angeflogen, an den Hüften und den Spitzen der Schenkel und Schienen am dunkelsten. Die glas= hellen Flügel decken den Körper dachförmig und überragen ihn weit; in den vorderen entsendet die Randader vier Schrägäste, deren dritter ein= fach gegabelt ist, in den merklich kürzeren Hinterflügeln gehen nur zwei einfache Schrägäste in die Flügelfläche.

Die Larven der geflügelten Läuse deuten die schärfere Abschnürung des Kopfes an, sind mithin vorn gestreckter, tragen kleine Flügelstumpfe und eine honiggelbe Körperfarbe. Beim Zerdrücken läßt diese Art einen blutrothen Fleck zurück, daher ihr volksthümlicher Name. Auch der Wein= geist färbt sich intensiv roth, in welchem man Blattläuse tödtet, und daher dürfte es vielleicht lohnend sein, sie ähnlich der Cochenille zu einem Farb= stoffe zu verwerthen, um einigermaßen dem von ihr angerichteten Schaden beizukommen.

Die Blutlaus gilt als der gefährlichste Feind der Apfelbäume, deren Kultur sie in Frage stellen kann, und hat sich bisweilen, jedoch nur sehr vereinzelt, auch an der Quitte gefunden. Sie durchsticht die junge Rinde und saugt den Splint aus. Infolge der fortwährenden Saftentziehung findet ein entsprechender Saftzudrang nach den wunden Stellen statt, dieser er= zeugt lockere Zellwucherungen unter der Rinde, welche letztere schließlich sprengen. An den Wundrändern häufen sich die Anschwellungen mehr und mehr grind= und krebsartig, nehmen allen Nahrungssaft des Stämm= chens oder Zweiges in Anspruch, so daß diese endlich absterben. Fig. 12 vergegenwärtigt das Aussehen eines durch die Blutlaus deformirten und zu Grunde gerichteten Stämmchens. Es leuchtet ein, daß der Schaden in den Baumschulen und an Zwergbäumchen, die beide der Blut= laus die genehmsten Saugstellen bieten, ein ganz außerordentlicher ist. Sie finden sich jedoch nicht ausschließlich am jungen Holze, auch älteres mit krankhaften, wunden Rindenstellen gestattet ihrem Schnabel den Zugang zu dem Splinte. Auch hier · siedeln sie sich an, bringen dieselben grindigen Gebilde hervor, verhindern das natürliche Vernarben der ursprünglichen Wunde und bereiten sich sehr bald günstigere Schlupfwinkel und Verstecke, an welchen ihnen viel schwerer beizukommen ist, als an der ursprünglich glatten Oberfläche des jungen Holzes. Selbst an Wurzeln hat man sie beobachtet, wo sie sehr ähnliche Wirkungen an der Rinde hervorbringen. In ganzen Nestern sitzen sie an dem Wurzelhalse, gehen aber auch tiefer hinab und halten sich namentlich im Winter in der Erde auf, um daselbst Schutz zu suchen.

Was nun die Entwicklungsgeschichte der Blutlaus anlangt, so werden wir bei der Erörterung derselben auf einige noch nicht hinreichend aufgeklärte Punkte stoßen. Mit dem Erwachen des thierischen Lebens im Frühjahre ʼerscheint die Blutlaus an den eben bezeichneten Stellen und macht sich durch die gereiheten oder gruppenweise auftretenden, weißen Filzflocken schon aus einiger Entfernung kenntlich, namentlich an der glatten Rinde des jungen Holzes (Fig. 11). Es sind nur flügellose Läuse, die, wenn ausgewachsen, gleich den Aphis-Arten, ohne befruchtet zu sein, lebendige Junge gebären. Zerdrückt man ein altes Mutterthier, so finden sich in seinem Innern 30—40 mehr oder weniger entwickelte Eier, von denen die reifsten unter dem Mikroskope die Augen des Embryo erkennen lassen. In dem Augenblicke, wo sie die umhüllende Eischale verlassen, treten sie als sechsbeinige Larven aus der Hinterleibsspitze des Mutterthiers heraus, sind in ihren Bewegungen lebhaft und saugen sich alsbald fest. Unter mehrmaligen Häutungen wachsen sie bald zu voller Größe heran, bringen dann wieder lebendige Junge zur Welt und vermehren sich, wie andere Blattläuse der Gattung Aphis schnell und stark. Etwa 8 Bruten werden auf die angegebene Weise in Jahresfrist erzeugt. Ihre rothen oder bräunlich gelben Excremente, die vielfach in der Wollbekleidung hängen bleiben und irrthümlicherweise von manchen für die Eier angesprochen worden sind, so wie die zahlreichen, zum Theil gleichfalls hängen bleibenden weißen Bälge überdecken die Kolonien filzartig, so daß unter diesen Ausscheidungen und Ueberbleibseln die eigentlichen Lebewesen kaum zu bemerken sind.

Gegen den Herbst hin werden nun auch Larven geboren, die bald Flügelansätze zeigen und sich zu der geflügelten Form entwickeln. Auch diese stellt, wie bei den Aphis-Arten lebendig gebärende Weibchen vor, welche ohne Zuthun eines Männchens sich vermehren und entschieden dazu bestimmt sind, als Sendboten ihre Art weiter auszubreiten. Anfangs sitzen sie saugend zwischen den Flügellosen und scheinen ihre Zeit abzupassen, d. h. abzuwarten, bis die Eier entwickelt sind, um erst dann sich eiligst von ihrer Geburtsstätte zu entfernen und anderwärts eine Kolonie zu gründen. Nach den Beobachtungen von N. Göthe (Wiener Obst und Garten=Zeitung, I. 1876, S. 60—67) bergen sie nur 5—7 Eier

in ihrem Inneren, die vollkommener zu sein scheinen, als die der unge=
flügelten Läuse. Aus diesen Eiern entwickeln sich unmittelbar bei dem
Austreten zweierlei Junge: etwas größere und breitere von honiggelber
Farbe und kleinere, schmutzig grün gefärbte, welche beide sich wesentlich
von allen früher geborenen Blutläusen durch den Mangel des Saug=
rüssels oder Schnabels unterscheiden. Statt seiner findet sich nur ein
dreieckiger Hautzipfel, ganz so wie bei den beiden Geschlechtsthieren der
Reblaus. Dürfen wir vorläufig einen Schluß von der letztgenannten auf
unsere Blutlaus ziehen, so würden wir die kleinere Form für die Männchen,
die größere für die Weibchen halten, die sich paaren. Herrn Göthe hat
es trotz sorgfältiger Bemühungen nicht gelingen wollen, weder ein anderes
Männchen aufzufinden, noch die Paarung zwischen diesen beiden schnabel=
losen Formen, noch eine Ablage von Eiern seitens der größern Form zu
beobachten. Jedenfalls werden wir aber annehmen dürfen, daß fortgesetzte
Beobachtungen von diesem Punkte aus schließlich zur Wahrheit führen
werden, und daß die Angaben der Schriftsteller über die geschlechtliche
Fortpflanzung gegen den Winter hin noch von keinem wirklich be=
obachtet, sondern nur nach dem Vorbilde der gemeineren Aphis=Arten
vorausgesetzt worden ist.

Klarheit über diesen Punkt zu erlangen, hat natürlich einen hohen
wissenschaftlichen Werth, für die Praxis ist es von geringerer Bedeutung;
denn diese hat gelehrt, daß die Blutlaus gegen Nässe und Kälte wenig
empfindlich ist, daß sie auf der vom Winter angetroffenen Entwickelungs=
stufe bis lange in diesen hinein an Ort und Stelle sitzen bleibt, sich
höchstens in Rindenrisse, ihr durch die grindigen Wucherungen gebotene
Verstecke oder aber unter die Erdoberfläche an einem Holztheile des Baumes
zurückzieht, und daß sie im nächsten Frühjahre wieder da ist, wenn man
nicht alles zu ihrer Vernichtung aufgeboten hat; denn auf Hilfe insekten=
fressender Vögel oder anderer natürlicher Feinde darf nach den bisherigen
Erfahrungen nicht gerechnet werden.

Die Schwierigkeiten, welche sich bei der Verfolgung aller Blattläuse
in den Weg stellen, gelten natürlich auch von der Blutlaus in vollem
Maße. Sie haben ihren Grund hauptsächlich darin, daß wenn nur wenige
mit dem Leben davon gekommen sind, diese sich alsbald wieder stark ver=
mehren und die mühsame Verfolgung immer wieder von neuem nöthig
machen. Daher ist die größte Achtsamkeit und die größte Energie
nothwendig, zunächst beim ersten Auftreten im Frühjahre, wo
die Kolonien noch klein sind, ganz besonders Rücksicht zu nehmen auf die
vereinzelt in den Knospenwinkeln über der Hauptkolonie

sitzenden Läuse; gegen den Herbst hin ist ferner in erster Linie das
Erscheinen der geflügelten Läuse zu verhüten. Die flüssigen Mittel,
welche den Tod herbeiführen sollen, lassen sich sicherer mit einer scharfen
Bürste (Zahnbürste, Nagelbürste) oder mit einem stumpfen, also auch
scharfen Pinsel anstragen, als durch Ausspritzen, weil hierdurch weniger
Sicherheit geboten ist, alle Läuse zu treffen. Weiter sind die sorgfältig
gereinigten Stellen mindestens alle 3 bis 4 Wochen genau nachzusehen,
um neue Ansätze zu zerstören.

Bei dem Zerstörungswerke wird man I. junge und glatte Rinde,
die in den Baumschulen, an Spalieren und Pyramiden erreicht werden
kann, und II. grindige Stellen am älteren und verwahrlosten Holze und
die Behandlung von Hochstämmen überhaupt zu unterscheiden haben.
1. Alle kleineren und erreichbaren, mit der Blutlaus behafteten Zweige
sind wegzuschneiden, sorgfältig zu sammeln und zu verbrennen. Die andern
glatten und behafteten Stellen werden nun kräftig eingerieben mittelst
Bürste oder Pinsel mit einer der folgenden Flüssigkeiten: 1) Schmierseife
(schwarze oder grüne) $\frac{1}{2}$ Kilo Seife in 8 Liter Wasser gelöst, 2) Starker,
also hochprozentiger Spiritus (Arnold), 3) 4 Theile Carbolsäure mit
100 Theilen Wasserglas vermischt (Maber), 4) Ein Pfund Erdöl oder
Petroleum mit 25 Pfund Wasser vermischt. Es werden noch einige andere
Mittel, wie scharfer Essig, Laugen 2c. 2c. angeführt, jedoch bieten die vier
genannten Stoffe hinreichende Auswahl; sie setzen bei der Anwendung
trockenes Wetter voraus, damit sie der Regen nicht zu schnell abwasche,
aber auch keinen hellen Sonnenschein, namentlich Nro. 4. — II. 1) Grindige
und wunde Stellen an alten Stämmen würden zunächst in gleicher Weise
mit einer der genannten Flüssigkeit zu behandeln sein, um das zugäng-
liche Ungeziefer zu zerstören, sodann sind alle grindigen und unebenen
Rindenstellen wegzuschneiden, die Abschnitte sorgfältig zu sammeln und zu
verbrennen, weil an den unzugänglichen Stellen entschieden noch Läuse
sitzen, die so erhaltene geebnete Wundstelle nochmals der Sicherheit wegen
gründlich zu überpinseln und schließlich mit „kaltflüssigem Baumwachse"
zu überziehen, ein Verfahren, welches ich früher vorgeschlagen habe und
welches Herr F. Pohl bewährt gefunden hat. Nach Dr. Lucas wird
dieses Wachs in folgender Weise bereitet: Zwei Kilogramm rohes Fichten-
harz, wie solches die Schwarzwälder Bauern in kleinen Fäßchen in
den Handel bringen, — Burgunderpech würde dem nicht überall zu
habenden Fichtenharze am nächsten kommen — werden durch langsames
Erwärmen auf einem Kohlenfeuer oder in einem Ofen (nicht auf offenem
Feuer) flüssig gemacht und unter fortwährendem Umrühren mit 70 Gramm

Leinöl versetzt. Hierauf gießt man langsam und allmählich 280 Gramm vorher mäßig erwärmten Weingeist (von 90° Tr.) zu, rührt alles recht gut durcheinander und bewahrt diese Mischung in geschlossenen Büchsen auf.

2) Ein allgemein und besonders bei Hochstämmen anwendbares und nach mehrfachen Erfahrungen sehr wirksames, das Wachsthum der Bäume sogar ungemein förberndes Mittel besteht in dem Kalken der Wurzeln. Im Spätherbste oder während des Winters, wenn der Boden nicht gefroren, nimmt man etwa 1,25 Meter im Durchmesser um den Baum bis auf die Wurzeln die Erde weg, gießt um die alten Wurzeln je nach der Größe des Baumes 1—2 Gießkannen Kalkwasser oder Aschenlauge, schüttet bis etwa 3 Cm. hoch gebrannten und zerfallenen oder eben erst abgelöschten Kalk auf und bringt die weggenommene Erde wieder darüber. Dieses Verfahren wirkt sicherer, als wenn man die alte, verlauste Krone durch Verjüngung zu erneuern sucht. Sollte ein auf diese Weise behandelter Baum nicht geheilt werden, so haut man ihn am besten ab und verbrennt ihn.

Da die Blutlaus sicher oft durch Edelreiser verschleppt wird, so muß man dieselben, wenn sie aus einer mit der Blutlaus behafteten Gegend kommen, vorher mit einer von jenen Flüssigkeiten, am sichersten wohl mit Nro. 1 behandeln, oder in dem bei der Reblaus geschriebenen Schwefelkohlenstoffkasten desinficiren.

Daß ich den Nachweis der sicheren Mittel gegen die Blutlaus den Pomologischen Monatsheften von Oberdieck und Lucas entnommen habe, sei schließlich noch erwähnt.

Wir haben verschiedenes, bestimmten Pflanzen eigenthümliches Ungeziefer mit diesen Pflanzen aus Amerika erhalten, und so wird auch behauptet, daß die Blutlaus früher schon als die Reblaus aus Nordamerika in Europa eingeschleppt worden sei. Die Richtigkeit dieser Behauptung zu erweisen, dürfte zur Zeit schwer fallen. Nach Boisduval war sie zu Anfang dieses Jahrhunderts noch auf England beschränkt, welches sie unmittelbar von Amerika empfangen hätte. Im Jahre 1810 erschien sie in Jersey, etwa um das Jahr 1814 wurde ihr Auftreten bei den Obstzüchtern der Normandie und der Bretagne bekannt und bald darauf, zwischen 1820 und 22 zeigte sie sich in einzelnen Gärten um Paris. Heute ist sie über ganz Frankreich, einen großen Theil Deutschlands, namentlich in der Rheingegend ausgebreitet, hat sich in Südtirol eingenistet und wird entschieden immer weiter nach Osten fortschreiten, wenn nicht mit aller Entschiedenheit gegen sie zu Felde gezogen wird. Darum sei auch der Blutlaus der Krieg „bis auf's Messer" erklärt!

www.ingramcontent.com/pod-product-compliance
Lightning Source LLC
Chambersburg PA
CBHW022033190326
41519CB00010B/1701